KB122217

음악, 너 혹시 과학이야?

First published in English under the title :

THE SCIENCE OF SONG : How and Why We Make Music

Text copyright © 2021 Alan Cross, Emme Cross and Nicole Mortillaro
Illustrations copyright © 2021 Carl Wiens
Published by permission of Kids Can Press Ltd., Toronto, Ontario, Canada.
All rights reserved.

No part of this publication may be reproduced, stored in retrieval system,
or transmitted in any form or by any means, electronic, mechanical photocopying,
sound recording, or otherwise, without the prior written permission of Lime Co., Ltd.

Korean translation copyright © 2023 Lime Co., Ltd.
Korean edition is published by arrangement with Kids Can Press Ltd.
through Imprima Korea Agency.

이 책의 한국어판 저작권은 임프리마 에이전시를 통해
Kids Can Press Ltd.와의 독점 계약으로 (주)라임에 있습니다.
저작권법에 의해 한국 내에서 보호를 받는 저작물이므로 무단 전재와 무단 복제를 금합니다.

음악, 너 혹씨 과학이야?

베토벤에서
AI 작곡가까지

앨런 크로스 외 지음 | 칼 윈스 그림 | 김선영 옮김

라임

CONTENTS

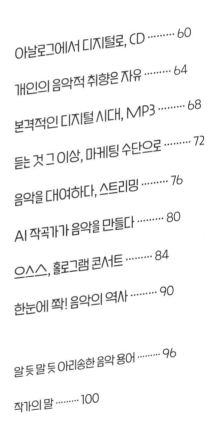

들어가는 말 ········ 6

내 목소리가 낯설어! ········ 9

최초의 악기는 사람의 몸? ········ 13

다빈치, 녹음 기술의 첫발을 떼다 ········ 17

에디슨의 축음기 혁명 ········ 22

지금은 라디오 시대 ········ 27

짜잔, 레코드판 출시! ········ 33

음악은 뇌에서 어떻게 작용할까? ········ 37

다재다능 끝판왕, 카세트테이프 ········ 42

획기적인 발명품, 워크맨 ········ 47

폭삭 망한 아이디어도 있어! ········ 51

비디오 스타의 탄생, 뮤직 비디오 ········ 56

아날로그에서 디지털로, CD ········ 60

개인의 음악적 취향은 자유 ········ 64

본격적인 디지털 시대, MP3 ········ 68

듣는 것 그 이상, 마케팅 수단으로 ········ 72

음악을 대여하다, 스트리밍 ········ 76

AI 작곡가가 음악을 만들다 ········ 80

으스스, 홀로그램 콘서트 ········ 84

한눈에 쫙! 음악의 역사 ········ 90

알 듯 말 듯 아리송한 음악 용어 ········ 96

작가의 말 ········ 100

♫ 레코드판에서 스트리밍까지, 음악과 과학의 힙한 만남 ♪

여러분은 우리가 음악이라고 부르는 것이 과연 무엇인지 궁금해해 본 적 있나요? 음, 우리가 날마다 즐겨 듣는 바로 그 음악 말이에요. 음악은 어떻게 만들어질까요? 어떻게 해서 우리 귀에 들릴까요? 우리 삶에 왜 이토록 중요한 자리를 차지할까요?

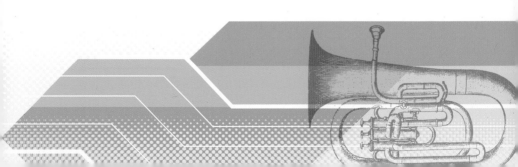

음악이 우리와 함께한 지는 무려 4만 년이 넘어요. 고고
학자들이 아주 오래전부터 음악이 있었다는 증거를 전 세
계 곳곳에서 찾아냈지요. 동물의 뼈와 이빨로 만든 악기를
여럿 발견했거든요. 인류학자들은 새와 고래 등 여러 동물
이 '노래를 불러' 의사소통하는 것처럼, 초기 인류도 똑같은
목적으로 음악을 활용했다고 생각해요. 인류가 서로 친구
가 되는 데 어쩌면 음악이 크게 한몫을 했을지도 몰라요.

4만 년이 흐르는 동안 인류의 생활은 참 많이 바뀌었지
만, 음악은 여전히 우리에게 무척 중요하지요. 우리는 의
사소통을 위해 높낮이나 박자를 달리한 소리를 내던 때에
서 시작해, 동물의 뼈로 만든 악기를 연주하는 시기를 지

나, 음악을 창조할 수 있는 인공 지능(AI)을 발명하는 오늘에 이르렀답니다.

물론 우리가 음악을 듣는 방식은 그동안 많이 달라졌어요. 예전에는 음악을 들으려면 연주회나 콘서트처럼 실시간으로 공연을 하는 장소로 찾아가야 했지요. 그렇지만 지금은 다양한 앱과 스트리밍 서비스를 이용해 언제 어디서든 원하는 곳에서 음악을 재생해 들을 수 있잖아요.

이 책에서는 인류가 처음으로 소리를 붙잡은 순간에서 오늘날의 디지털 시대까지, 긴 시간을 지나면서 음악이 어떻게 변화해 왔는지 살펴볼 거예요. 음악을 최초로 녹음한 방식과 음악을 빠르고 편하게 재생하기 위해 어떤 기술들을 발명해 왔는지도 알아볼 거고요.

책을 차근차근 읽다 보면, 어느새 음악 속에 숨어 있는 과학의 원리를 배울 수 있을 거예요. 녹음된 자기 목소리는 왜 그리도 낯선지, 우리는 어떤 음악을 왜 특히 더 좋아하는지, 어떤 노래는 왜 귓가에서 유난히 오래 맴도는지 금방 알게 되겠지요. 자, 그럼 다 같이 출발해 볼까요?

내 목소리가 낯설어!

음악을 이해하기 위해서는 우선 소리가 어떤 과정을 거쳐 우리에게 들리는지 이해해야 해요. 소리는 물체가 진동하면서 만드는 에너지예요. 공기를 통해서 이동하는 이 진동을 귀가 포착해서 뇌로 신호를 보내거든요.

귀가 들리지 않아도 베토벤처럼!

귀가 잘 들리지 않거나 아예 들리지 않아도 음악을 감상할 수 있어요. 소리를 만드는 진동은 다 느낄 수 있으니까요. 특히 저음의 큰 목소리가 더 잘 느껴져요. 콘서트에서

소리를 듣기까지

① 소리가 귀로 들어가서 바깥귀길을 따라 이동해요.
바깥귀는 모든 방향의 소리를 들을 수 있어요.

② 소리가 가운데귀의 얇은 막
(고막)을 움직여서 조그마한
세 개의 뼛조각(귓속뼈)을
진동시켜요. 이 진동이 속귀
로 이동해요.

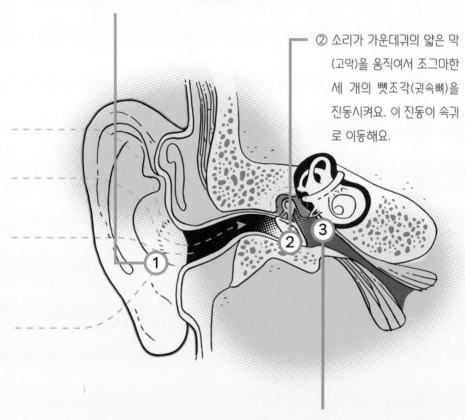

③ 진동이 액체로 차 있는 작은 뼈(달팽이관)에 닿아요. 달팽이관에는
약 1만 7천 가닥의 가느다란 털이 나 있는데요. 이 털들이 흔들리면
서 전기 신호가 만들어져요. 전기 신호는 청신경을 따라 뇌로 가고요.
이렇게 도착한 전기 신호를 마지막으로 뇌가 알아듣는 거예요!

수어 통역사가 노랫말을 수어로 통역하면, 귀가 들리지 않는 관객들도 노랫말과 소리의 진동을 결합해 음악을 즐길 수 있어요.

귀가 들리지 않는다고 작곡을 할 수 없는 것도 아니에요. 독일의 유명 작곡가 루트비히 판 베토벤을 알고 있지요?

베토벤은 작곡가로서 명성을 얻기 시작한 1800년대 초에 청력을 잃기 시작했어요. 그렇지만 소리가 거의 들리지 않게 된 45세 무렵에도 음악의 역사에 길이 남을 훌륭한 곡들을 작곡했지요. 베토벤의 작품 중에서도 첫손에 꼽히는 교향곡 제9번 또한 베토벤이 청력을 잃은 후에 작곡한 거랍니다.

혹시 녹음된 자기 목소리를 듣고 이렇게 생각해 본 적 있나요? '내 목소리가 정말 이렇다고?' 자신의 목소리가 낯설게 들리는 데는 다 이유가 있어요!

우리가 말을 할 때면, 앞서 말한 것처럼 목소리의 진동이 귀로 들어가 고막에 도착해요. 동시에 머리뼈를 타고 머리 안으로 퍼지기도 하지요. 이 때문에 자기 목소리의 진동이 더 낮게 울린답니다. 반대로, 녹음된 목소리는 머리뼈가 아니라 오로지 귀로만 듣게 되어요. 그래서 더 높은 음으로 들리는 거예요. 사실은 녹음된 목소리가 남들이 듣는 여러분의 진짜 목소리인 거지요.

요즘에는 세계 곳곳에서 귀가 들리지 않는 음악가들이 활발하게 활동하고 있답니다. 얼마 전에 청각 장애가 있는데도 아이돌이 되기 위해 노력하는 이십 대 청년이 있어서 화제가 되었어요. '현진'이라는 청년으로, 지금은 소리를 전기 자극으로 바꿔 주는 장치와 보청기를 통해 인공적으로 들을 수 있다고 하지요. 앞으로 청각 장애인에 대한 인식과 편견을 바꿔 가고 싶다고 해요.

최초의 악기는 사람의 몸?

1800년대에 작곡된 베토벤의 음악을 여러분이 요즘 즐겨 듣는 음악과 비교해 보면, (여러분이 즐기는 음악이 교향곡이 아닌 셈치고요.) 뭔가 다르다는 걸 알 수 있을 거예요.

예전의 음악에는 피콜로나 바순처럼 요즘에는 듣기 어려운 악기 소리가 들리거든요. 예전 사람들이 노래를 부르는 방식도 여러분이 익숙한 방식과는 많이 다를 거고요. 그래도 모두 음악이에요.

그렇다면 음악이란 대체 뭘까요? 간단히 말해서 음악은 서로 다른 소리의 조합이에요. 멜로디(선율)와 하모니(화성), 리듬(박자)을 이용해서 감정을 표현하는 거지요. 이 세

가지 요소가 결합해서 다양한 노래와 교향곡을 만들거든
요. 음, 광고 음악도요!

음악이라고 하면 사람들은 저마다 서로 다른 것을 머릿
속에 떠올려요. 아마 여러분도 특별히 좋아하는 노래가 있
겠지요? 흔히 장르라고 부르는, 자신이 좋아하는 스타일의
음악이요. 혹시 힙합을 좋아하나요? 아니면 랩? 그것도 아
니면 록?

랩을 좋아하는 사람은 록이 별로라고 생각할 수도 있어
요. 그 반대도 마찬가지고요. 그렇지만 누군가가 좋아하고

멜로디란, 여러 가지 음이 조합되어 어떤 패턴으로 나열된 것을 말해요.

하모니란, 두 가지 이상의 서로 다른 음이 동시에 연주될 때 만들어지는 소리예요.

리듬이란, 길고 짧은 음의 반복되는 패턴을 말해요.

좋아하지 않고를 떠나서, 록도 랩도 모두 음악이에요.

최초의 악기가 사람의 몸이라고?

최초의 악기는 과연 무엇일까요? 바로 사람의 몸이에요! 인류는 외부의 재료를 이용해서 악기를 만들기에 앞서 자기 몸속 기관을 활용해서 음악을 만들었어요. 초기 인류는 뜻을 전달하고자 할 때 아마도 끙끙거리는 신음이나 단순한 소리를 이용했을 거예요.

그러다가 지금으로부터 약 5만 년 즈음, 사람의 성대가 말을 하고 노래를 부를 수 있을 정도로 발달했어요.

2008년, 독일 연구진은 독일의 한 동굴에서 새의 뼈로 만든 플루트를 발견했어요. 플루트는 약 4만 년 된 것으로, 현재까지 발견된 악기로 알려진 기구 중에서 가장 역사가 오래되었어요.

인류의 기원을 연구하는 인류학자들은 우리가 노래를 부르기 시작한 이유는 아직 확실하지 않다고 해요. 의사소통을 원활히 하기 위해 노래를 불렀을 수도 있고, 엄마가 아이를 안심시키려고 노래를 불렀을 수도 있어요. 어쨌거나 나중에는 나무, 동물의 긴 이빨, 그 밖에 남은 뼛조각 등으로 악기를 만들기 시작했지요.

다빈치, 녹음 기술의 첫발을 떼다

수천 년 동안 사람은 악기를 연주해야만 음악을 감상할 수 있었어요. 플루트든 드럼이든, 악기를 치워 버리면 그걸로 그만이었지요. 음악도 그대로 끝이 났거든요.

1800년대에는 음악이 이미 사람들의 생활에서 중요한 부분을 차지하고 있었어요. 부유한 가정에서는 집에다 피아노를 두고 아이들에게 노래하는 법과 연주하는 법을 가르쳤지요. 위대한 작곡가들이(우리의 친구 베토벤을 비롯해서요!) 작곡한 곡은 숙련된 오케스트라와 가수들이 유명한 극장에서 공연을 했고요.

그러니까 음악은 그런 극장이 있는 도시까지 갈 수 있는 부유한 사람들만이 즐길 수 있었어요. 아직 음악을 녹음하는 기술이 나오지 않았으니까요. 음, 그때까지는요.

다빈치, 파동을 깨닫다

음악을 녹음하기 위한 여정은 소리가 파동으로 이동한다는 사실을 누군가가 이해하면서 첫걸음을 떼었어요. 여러 역사가가 말하길, 그 누군가는 바로 1500년대의 이탈리아 발명가이자 예술가, 레오나르도 다빈치예요.

전하는 이야기에 따르면, 다빈치는 돌이 물 위에 떨어지면서 동그란 물결을 일으키는 모습을 보고서 '파동'이라는

아이디어를 떠올렸다고 해요.

갈릴레이, 음의 높낮이를 찾다

그로부터 100년쯤 뒤, 과학자 갈릴레오 갈릴레이가 음파의 이동 속도가 음의 높낮이를 결정한다는 사실을 최초로 깨달았어요. 갈릴레이는 놋쇠판을 반복해서 끌로 긁어 서로 다른 소리를 만들었어요.

긁은 자국의 간격이, 다시 말해 자국끼리 얼마나 가까이, 또는 멀리 있느냐가 소리의 높낮이를 결정했다지요. 이 실험은 분명 갈릴레이의 주변 사람들의 신경을 몹시 거슬리게 했을 거예요! 으, 얼마나 시끄러웠겠어요?

마르탱빌, 소리를 보다

사람은 과연 음파를 볼 수 있을까요? 아니, 붙잡을 수 있을까요? 갈릴레이의 실험이 있고 나서 몇 세기 뒤, 프랑스

의 인쇄업자 에두아르-레옹 스코트 드 마르탱빌이 포노토
그래프라는 기기를 발명했어요.

1860년 4월 9일, 마르탱빌은 포노토그래프의 커다란 깔
때기에 프랑스 동요 〈달빛을 받으며〉를 불렀답니다. 노래
를 부르는 동안 검은 그을음을 바른 원통이 빙글빙글 돌아
가고 있었지요.

마르탱빌의 목소리가 만든 진동은 깔때기로 들어가 금속
바늘 끝에 닿았어요. 바늘은 목소리와 함께 진동하면서 원
통의 검은 표면을 지그재그로 긁었지요.

바로 음파가 최초로 사람의 눈에 '보인' 순간이에요. 그렇
지만 음을 재생할 길은 없었어요. 아직은요.

2008년, 캘리포니아의 버클리 연구소에서 마르탱빌이 원통에 남
긴 홈을 소리로 되살리는 데 성공했어요. 사람의 목소리가 녹음된 최초
의 사례일 거예요.

에디슨의 축음기 혁명

　마르탱빌은 기발한 아이디어로 소리를 붙잡는 데 성공했지만, 그것을 재생할 수는 없었어요. 그러다 1877년에 발명가 토머스 에디슨이 축음기(포노그래프)라는 기기를 세상에 선보였지요. (포노그래프는 그리스어로 '소리를 쓰다'라는 뜻이에요.)

　전신소에서 일한 경험이 있는 에디슨이 그 당시 송신 속도를 높이기 위해 노력하다가 그것이 음악처럼 들렸던 데 착안하여 음악 기록 장치를 발명했다고 해요. 이 축음기는 소리를 기록할 뿐 아니라 재생까지 할 수 있었답니다.

① 주석 포일로 감싼 원통이 1분에 120회꼴로 돌아가요. 원통은 옆에 달린 손잡이로 돌릴 수 있어요.

② 원통이 돌아가는 동안 나팔 모양의 뿔이 소리를 아래의 작은 관으로 흘려보내요. 음파를 좁은 공간으로 모으는 거예요.

③ 음파가 멤브레인이라고 불리는 천 조각으로 들어가요.

④ 바늘(스타일러스)이 음파와 동시에 진동하면서 포일에 홈을 파기 시작해요. 바로 이 홈에 소리가 붙잡히는 거예요.

⑤ 녹음한 소리를 들을 때는 바늘을 홈이 시작되는 자리로 되돌려 놓고 원통을 다시 돌려요. 바늘이 홈을 따라서 움직이면서 진동판(다이어프램)을 진동시키면 소리가 만들어져요. 그리고 소리가 나팔 뿔을 타고 밖으로 나가죠.

녹음 기술의 발명 초기에는 흑인 음악가들이 녹음하는 일이 드물
었어요. 최초로 축음기에 녹음한 흑인 가수는 뉴욕의 거리를 무대
로 공연하던 조지 W. 존슨이라고 해요. 1890년에 녹음을 했고
요. 존슨은 축음기 음반을 히트시킨 최초의 흑인 가수가 되었지요.

드디어 집에서 음악을 감상하다

주석 포일은 찢어지기 쉬운 데다 잡음도 심했어요. 몇 번
재생하고 나면 쉽게 망가졌거든요. 에디슨은 원통에 포일
대신 왁스를 입혀 더 튼튼하게 만들었지요. 그러자 음질도
좋아지고 음악을 재생할 수 있는 횟수도 백 회 정도로 늘어

났답니다.

하지만 여전히 부족한 점이 많았지요. 나팔 뿔은 소리를 잘 붙잡지 못해서, 가수들이 뿔 바로 앞에서 노래를 불러야 했거든요. 특히 잔잔한 노래를 부를 때는 더 바짝 붙어서야 했답니다. 트럼펫처럼 소리가 큰 악기는 다른 악기의 소리가 묻히지 않도록 멀리 떨어져야 했고요.

그렇다고 해도 축음기의 발명은 음악의 역사를 완전히 바꾸었어요. 이제는 사람들이 음악 공연을 듣기 위해 멀리까지 이동할 필요가 없어졌으니까요.

축음기를 살 여유만 있다면 집에서 편하게 음악을 감상할 수 있었지요. 음악을 직접 녹음하고 재생해서 들을 수도

축음기에는 소리의 크기를 키우거나 줄이는 장치가 없었어요. 그래서 음악을 작게 듣고 싶으면, 천을 공처럼 뭉쳐서 나팔 뿔을 막아 소리를 줄였지요. 이때 공처럼 뭉친 천을 '삭(SOCK)'이라고 불렀는데, 바로 여기에서 조용히 하라는 뜻의 영어 표현 'Stick a SOCK in it'이 생겨났답니다.

있었고요.

한국에서는 축음기 대신 전축이라고 흔히 불렸는데요. 개화기와 일제 강점기 때 굉장히 많이 수입되었다고 해요. 이때는 기술이 한참 더 발달한 뒤여서, 수동식 태엽에서 벗어나 전기 동력을 사용하는 제품이었다지요. 지금도 서울 인사동길이나 황학동 풍물 시장 뒷골목에 가면 어렵지 않게 만날 수 있답니다.

   1901년, 이탈리아 출신 전신 기술자 굴리엘모 마르코니가 영국 콘월에서 캐나다의 뉴펀들랜드로 최초의 대서양 횡단 무선 전파를 보내는 데 성공했어요. (모스 부호로 알파벳 'S'가 전달되었지요.)

   그 후 캐나다 출신의 발명가 레지널드 오브리 페센든은 무선 전파로 점과 선으로 간단하게 이루어진 모스 부호 말고 더 많은 메시지를 보낼 수 있다고 생각했답니다. 그러고 나서 1906년, 페센든은 무선으로 사람의 목소리를 전달하는 데 세계 최초로 성공했어요.

   1920년대 후반이 되자, 무선 전신은 세계 곳곳의 전화나 뉴스 방송에 널리 쓰였어요. 그리고 음악을 듣는 데도 사용되었지요.

무선 전파를 이용한 라디오 방송은 음악을 듣는 데 있어서 완전히 새로운 방식이었어요. 누군가가 내가 들을 음악을 '대신' 정해 주었으니까요. 말하자면 콘서트를 가긴 하는데, 어떤 가수의 어떤 노래를 듣게 될지는 모르는 거예요.

라디오 곁을 지키는 사람들

곧 〈아모스와 앤디〉, 〈그린 호넷〉, 〈열 번째 사람〉 같은 주간 라디오 드라마들이 방송되기 시작했어요. 대화와 배경 음악, 음향 효과만으로 이루어진 라디오 드라마는 보는 대신 듣는 연극이라고 할 수 있었지요. (지금의 팟캐스트와 비슷해요!)

라디오는 사람들을 한자리로 불러모았어요. 가족들이 모여 앉아서 라디오 드라마를 들었거든요. 방송을 듣는 재미를 더욱 돋우기 위해 화려한 장식장에 넣은 라디오들이 등장했고요.

라디오 수신기에는 유리와 전선으로 구성된 섬세한 관인 진공관이 사용되었답니다. 진공관은 전기를 소비하고 많은 열을 냈지요. 전구처럼 타는 일도 잦았는데, 진공관이 타

면 라디오가 망가졌어요. 개선해야 할 점들이 아직은 많이
있었답니다.

헉, 외계인이 침공했다고?

여러분은 외계인이 지구를 침략했다는 라디오 방송이 나
온다면 믿을 건가요? 1938년, 그런 방송이 미국 뉴욕에서
엄청난 혼란을 일으켰어요. 미국의 배우이자 감독인 오손

헤드폰은 1890년대에 처음 발명되었어요. 처음에는 크기도 컸을뿐더
러 무게가 무려 3kg이나 나가는 등 벽돌보다 무거웠답니다. 그 헤드
폰을 머리에 낀다고 생각해 보세요!
다행히 시간이 흐르면서 디자인이 개선되었어요. 프랑스의 엔지니
어 에르네스트 메르카디에를 비롯, 미국의 발명가 너새니얼 볼드윈 등
이 새로운 디자인을 내놓았거든요. 1910년에 너새니얼의 헤드폰은 미
해군에서 쓰이기도 했어요. 1950년대 후반이 되자 마침내 여러 업
체에서 음악 감상용 헤드폰을 판매하기 시작했지요.

웰즈가 H. G. 웰스의 공상 과학 소설《우주 전쟁》을 각색한 라디오 드라마에 출연해 대사를 읽었는데요.

그걸 들은 사람들이 정말로 외계인이 지구에 침공했다는 무서운 뉴스가 나오는 거라고 착각을 하고 말았다지 뭐예요? 결국, 웰즈는 사람들에게 라디오 드라마였을 뿐이라고 애써 해명해야 했대요.

한국에서는?

경성 방송국이 1927년 2월 16일에 첫 라디오 방송을 개시했어요. 최초의 FM 방송은 1965년 6월 26일에 서울 FM 방송국이 개국하면서 실시되었고요. 라디오가 완전히 대중화된 시기는 1960년대였는데요. 이 시기에는 텔레비전이 아직 사치품 취급을 받던 때여서, 라디오가 대중 매체로 자리하고 있었답니다.

한국에서 라디오가 대중화된 이유는 정부에서 대대적으로 라디오를 보급했기 때문이에요. 농어촌 사람들도 문명의 혜택을 받게 하자는 동시에, 정부에서 벌이는 사업을 전국에 알려야 한다는 의도도 있었지요. 라디오는 당시 인구의 대부분을 차지하던 농촌에 손쉽게 보급할 수 있었는 데다가 일하면서도 들을 수 있다는 장점이 있어서 빠르게 퍼져 나갔다고 해요.

1970년대에 접어들어 텔레비전이 널리 보급되면서 라디오 청취율은 다소 감소하는 듯했어요. 그러다 1980년대 중후반에 접어들면서 자동차가 급속히 보급되자 운전자를 대상으로 청취자를 확보해 나갔다지요.

그때만 해도 텔레비전은 보통 안방이나 거실에 한 대만 장만해 놓은 경우가 대부분이었거든요. 어른들이 온통 차지하고 있던 터라, 공부 압박에 시달리는 학생들이 평상시에 마음 놓고 보기가 어려웠지요.

반면에, 라디오는 카세트테이프와 MP3 기능과 함께 학생들에게 떼려야 뗄 수 없는 존재로 떠올랐어요. 청소년들 사이에 〈별이 빛나는 밤에〉로 대표되는 라디오 붐이 일기 시작했답니다.

짜잔, 레코드판 출시!

사람들이 축음기에 귀를 기울이는 동안, 독일 태생의 미국 발명가 에밀 베를리너는 소리를 붙잡는 방법으로 왁스를 바른 통에 홈을 파는 것보다 더 좋은 방법이 분명히 있을 거라고 생각했어요.

그때까지는 축음기에 녹음된 소리가 금세 뭉개지는 데다, 한 번에 많이 만들 수도 없었거든요. 인기 가수들은 같은

베를리너의 음반은 셸락으로 만들어요. 셸락은 곤충의 분비물로 만들고요! 동남아시아의 락깍지 벌레 암컷이 분비하는, 끈적끈적한 천연수지로 만든답니다.

노래를 수천 번이나 녹음해야 했고요!

1887년에 베를리너는 번득이는 아이디어를 떠올렸어요. 소리가 녹음되는 홈을 납작하고 둥근 판에 나선형으로 파면 어떨까, 하고요. 베를리너는 곧 새로운 형태의 음반을 재생할 축음기 '그라모폰'을 발명했답니다. 이 음반은 한 면당 3분에서 4분 정도 길이의 음악을 저장했지요.

한 번에 여러 곡을 담다, 레코드판

1948년, 음반 회사인 콜롬비아 레코드를 소유하고 있던 미국의 CBS 방송사는 레코드판을 더 질기고 오래가는 폴리염화비닐(PVC)로 만들기 시작했어요. 결과는 대성공이었지요! 잡음이 줄어든 데다 홈을 더 촘촘히 팔 수 있어서 한 면에 더 많은 노래를 넣을 수 있었거든요.

레코드판은 크게 두 종류로 나뉘어요. LP 레코드판(Long -Time, 장시간 재생할 수 있다는 뜻이에요.)과 45 레코드판이지요. 이 중에서 LP는 앨범으로도 불렸어요. 지금도 비슷

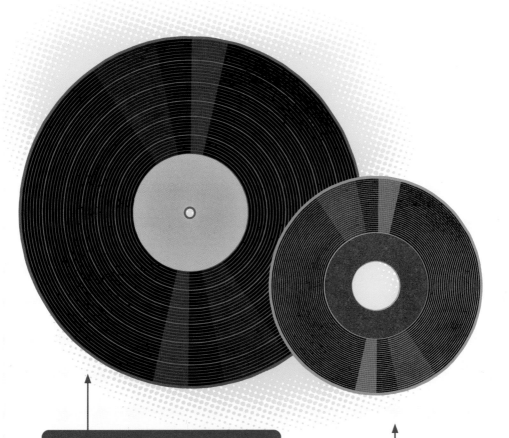

LP 레코드판
- 지름 : 30.5㎝
- 1분당 회전 수(RPM) : 33⅓회
- 한 면에 수록할 수 있는 음악의 길이 : 22분

45 레코드판
- 지름 : 17.9㎝
- 1분당 회전 수(RPM) : 45회
- 한 면에 수록할 수 있는 음악의 길이 : 6~7분

한 분위기나 스타일의 노래를 함께 녹음한 음반을 앨범이라고 부르지요.

1960년대에 들어서면서 밥 딜런이나 비틀스, 비치보이스 같은 인기 가수들이 한 번에 한 곡을 발표하기보다 여러 곡을 묶어 앨범을 만드는 데 열성을 보이기 시작했답니다.

초기 레코드판은 모노 방식으로 생산되었어요. 모노 방식은 모든 음악 소리가 한 방향에서 나오는 것처럼 들리지요. 그렇지만 실생활에서 우리는 모든 방향에서 나오는 소리를 들어요.

1958년에 음향 기술자들은 두 개의 마이크를 이용해서 스테레오 방식으로 녹음하는 방법을 터득했어요. 스테레오란 서로 다른 방향에서 나오는 소리를 이용한다는 뜻이에요.

음향 기술자들은 어떤 소리가 어떤 스피커로 나갈지 조율함으로써 실제에 더 가까운 소리를 만들었어요. 그 뒤로 음악은 쭉 스테레오 방식으로 녹음되고 있답니다!

음악은 뇌에서 어떻게 작용할까?

음악이 공포 영화에 어떻게 쓰이는지 생각해 볼까요? 영화 〈죠스〉에서는 영화 속 인물이 바다에 들어가려는 순간, 존 윌리엄스의 음악이 으스스한 분위기로 바뀌며 관객들의 엉덩이를 의자 끝까지 끌어당기지요. 잠깐만……, 이제 상어가 공격하는 거야?

음악은 우리에게 강력한 영향을 미칠 수 있어요. 과학자들은 음악을 들을 때 우리 뇌에서 정확히 무슨 일이 벌어지는지 아직 완전히 이해하지는 못했지만, 엄청나게 많은 일이 동시에 벌어진다는 사실만은 분명히 알고 있어요.

귀로 들어간 소리가 뇌의 청각 피질(뇌에서 소리를 처리하

는 부위)에 도착하는데요. 이건 시작이지요. 뇌에서 말하기
와 보기, 감정적 반응을 처리하는 부위 모두가 음악을 듣는
데 총동원되거든요. 음, 음악 처리만 담당하는 뇌세포(뉴
런)도 있다고 해요.

음악이 기억을 되살린다고?

음악의 힘은 아주 강력해서 뇌에 장애가 있는 환자들에
게까지 도움이 될 수 있어요. 과학자들은 알츠하이머병을
앓고 있는 사람도 과거에 좋아했던 음악은 구별해 낼 수 있

다고 생각하거든요. (알츠하이머
는 뇌가 생각하고 기억하는 능력에
영향을 미치는 질병이에요.)

　캐나다의 토론토 대학교 연구
자들의 2018년 연구에 따르면,
음악을 듣는 것은 일부 알츠하이
머 환자들에게 그 음악과 관련된
기억을 되살리는 데 크게 도움이
되었다고 해요.

우리 뇌 속의 음악 벌레?

　음악이 자꾸만 귓가에 맴도는
현상을 '귀벌레 증후군'이라고 하
는데요. 이 증후군도 뇌의 작용
이에요. 영국의 음악 심리학자
빅토리아 윌리엄슨은 이 현상의

원인을 파악하기 위해 실험을 진행했고, 그 결과 이들 '귓가에서 떠나지 않는' 노래에는 귀에 쏙 들어오는 동시에 기억하기 쉽다는 특징이 있다는 것을 발견했어요.

이런 현상은 음악과 관련된 기억과 비슷해요. 어떤 노래가 귓가에 맴도느냐는 우리가 어떤 노래에 큰 의미를 두었느냐에 달려 있다는 뜻이지요.

1999년의 연구에서, 심리학자 앤드리아 핼펀과 로버트 J. 자토레는 음악을 듣고 있다고 상상하게 한 다음 사람들의 뇌를 스캔했어요. 음악을 듣는다는 상상만으로 실제로 음악을 들을 때 활성화되었던 뇌의 부위 중 많은 부분이 밝아졌어요.

또 다른 연구에서는 영국의 켈리 재커보우스키가 템포가 빠르고 조성의 변화가 독특하며 반복되는 구절이 있는 노래가 머릿속에 남기 쉽다는 점을 발견했어요.

귀벌레 증후군은 전체 노래 중에서 약 8초 구간에 달려 있어요. 귓가에 맴도는 노래를 떨쳐 버리고 싶다고요?

연구자들은 두 가지를 조언해요. 하나, 귓가에 맴도는 노래를 처음부터 끝까지 다 들으세요. 둘, 다른 흥미로운 일에 몰두해서 기분을 전환하세요.

음, 행운을 빌어요!

다재다능 끝판왕, 카세트테이프

요즘에는 언제 어디에서든 음악과 함께하는 것이 일상이 되었어요. 그런 일상이 가능해진 것은 1947년, 벨 연구소에서 트랜지스터를 세상에 선보이면서였답니다. 트랜지스터 덕에 전자 제품들의 크기는 더 작아지고 에너지 효율은 더 높아졌거든요.

이 신기술이 처음으로 쓰인 제품은 보청기예요. 그리고 두 번째로 쓰인 제품이 바로 트랜지스터라디오인 '리젠시 TR-1'이지요. 가격이 무려 49.95달러였다나요. (지금으로 따지면 거의 70만 원이에요.)

그렇지만 곧 여러 업체에서 앞다투어 트랜지스터라디오

를 내놓았고, 1960년대에 접어들자 가격도 많이 내려서 누구나 하나쯤 가지고 싶어 했지요.

트랜지스터라디오는 건전지를 사용한 덕분에 무게가 가볍고 크기도 작아서 어디든 들고 다닐 수 있었어요. 특히 십 대 청소년들에게 크게 인기를 끌어서, 청소년들은 이제 어디에서든 좋아하는 음악을 마음껏 들을 수 있게 되었답니다.

소리를 저장하는 종이

레코드판이 처음 개발되었을 무렵, 미국과 덴마크의 엔지니어들은 테이프와 전선을 이용해 소리를 저장하려고 했어요. 그렇지만 전선은 꺾이는 성질이 있어서 못쓰게 될 때가 많았지요.

그러다가 1920년대에 들어서면서, 독일의 과학자 프리츠 플뢰머가 종이에 자석 입자를 입혀서 '소리를 저장하는 종이'를 발명했어요. 종이가 자꾸 찢어지자 플뢰머는 종이 대신 사진용 필름과 비슷한 비닐 테이프를 쓰기 시작했답니다.

계속 들어도 돼, 카세트테이프

소리를 저장하는 종이가 큰 인기를 끌지 못하는 가운데, 1960년대에 네덜란드 회사인 필립스에서 카세트테이프를 선보였어요. 카세트테이프는 트럼프 카드만 한 플라스틱 케이스 안에 얇고 가는 비닐 테이프가 말려 있는 형태였어요. 가지고 다니기가 훨씬 쉬웠지요!

카세트테이프에는 녹음을 할 수도 있었고, 앞으로 감거나 되감을 수도 있었어요. 한 면당 60분 길이의 음악을 저장할 수 있었고요. (더 많은 음악을 담을 수 있는 새로운 카세트테이프가 곧이어 개발되었답니다.)

감고 풀고, 또 감고 풀고

카세트테이프의 원리를 알아볼까요? 사실 플뢰머가 처음 생각해 낸 아이디어와 크게 다르지 않아요. 먼저 자석 입자를 얇고 가느다란 테이프에 입혀요. 이 자기 테이프를 '스풀'에 감지요.

음악을 녹음할 때는 테이프가 오른쪽 스풀에서 왼쪽 스풀로 돌아요. 테이프가 녹음 헤드를 지날 때 소리의 전기 신호가 자석 입자의 배열로 바뀌어요. 입자의 배열이 테이

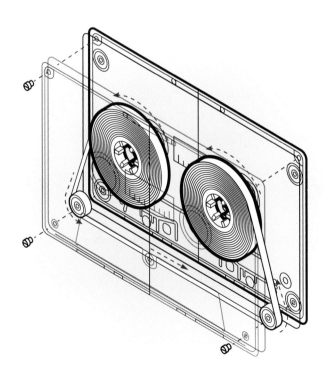

카세트테이프는 레코드판보다 만들기가 훨씬 쉬웠어요. 1970년대에서 1980년대에 활동한 힙합 가수 그랜드마스터 플래시는 특별한 팬들을 위해 따로 카세트테이프를 녹음했답니다. 랩에 팬들의 이름을 넣어서요.

프에 기록되고 소리가 녹음되어요.

반대로 재생할 때는 테이프가 재생 헤드를 지나요. 재생 헤드는 자석 입자의 배열을 읽어 전기 신호로 바꾼 다음, 우리가 들을 수 있는 소리로 바꾸지요.

획기적인 발명품, 워크맨

1970년대 말, 음악을 녹음하는 데 가장 편리하고 가장 들고 다니기 쉬우면서 가장 쓸모가 많은 매체는 카세트테이프였어요. 그렇지만 카세트테이프를 더 편리하게 들을 수는 없을까, 하는 고민이 시작되었지요.

1979년 7월 1일, 인류의 음악 재생 기기 역사상 가장 획기적인 발명품으로 꼽히는 '소니 워크맨'이 등장했어요. 워크맨은 크기가 수첩만 했고, 놀랄 만큼 가벼운 헤드폰이 달려 있었답니다. 가격은 150달러였지요. (지금의 가치로 보면 65만 원이 넘어요).

한 사람을 위한 파티

초기의 워크맨에는 헤드폰을 꽂
는 잭이 두 개여서, 두 사람이 함께
음악을 들을 수 있었어요. 소니의
엔지니어들은 홀로 음악을 들
으며 세상과 단절되고 싶
은 사람이 있을 거라고

는 상상도 하지 못했던 것 같아요.

그때까지만 해도 음악 감상이란 함께 즐기는 경험이었으
니까요. 콘서트장에 가든, 집에서 라디오로 듣든, 파티에
서 틀어 주는 음악을 듣든, 주위의 모든 이가 내가 듣는 음
악을 들을 수 있었지요.

그렇지만 워크맨의 발명과 함께 혼자서 음악을 감상하는

일이 일상이 되었답니다. 한국에서는 1981년에 삼성전자에서 생산한 워크맨 형태의 '마이마이'가 출시되어 청소년들에게 큰 인기를 끌었어요.

오늘 하루, 여러분은 헤드폰이나 블루투스 이어폰을 끼고 홀로 음악을 듣는 사람을 몇 명이나 보았나요?

나만의 앨범, 믹스 테이프

여러 가수의 여러 노래를 직접 녹음한 카세트테이프인 믹스 테이프라는 아이디어가 워크맨의 등장과 함께 날개를 달았어요.

사람들은 아무것도 녹음되어 있지 않은 공테이프를 여러 개 사서 좋아하는 노래를 녹음한 뒤, 자신만의 앨범을 만든 다음 직접 듣거나 친구들과 교환했어요.

오늘날 우리는 우리만의 방식으로 이와 같은 것을 만들지요. 단지 '플레이리스트'라고 부를 뿐이에요.

믹스 테이프는 플레이리스트처럼 클릭 몇 번으로 뚝딱 만들어지지 않았어요. 당시에 주로 쓰이던 방법은 라디오에서 나오는 노래를 녹음하는 것이었는데요. 원하는 곡이 나올 때까지 라디오 앞에서 하염없이 기다려야 했지요. 붐박스라고 하는 대형 휴대용 카세트를 이용해서 한 테이프의 곡을 다른 테이프로 녹음하는 방법도 있었고요.

우리는 헤드폰을 끼고 혼자 음악 듣는 일을 사랑할지도 몰라요. 그렇지만 오스트레일리아의 연구자 멀리사 와인버그와 돈 조지프의 2017년 실험이 암시하는 바에 따르면, 콘서트장에서 다른 사람들과 어울려 노래를 하고 춤을 추면, 우리의 정신 건강뿐 아니라 전반적인 삶의 질이 실제로 개선된다고 해요.

폭삭 망한 아이디어도 있어!

믿기지 않을 수도 있지만, 새로운 아이디어들이라고 해서 다 좋은 것은 아니에요. 지금까지 음악의 역사에서 성공한 아이디어들을 살펴보았으니까, 지금부터는…… 망한 아이디어를 한번 살펴볼까요? 폭삭 망한 아이디어들이요.

털컥, 소리가 들리지 않아

1945년에 제2차 세계 대전이 끝나고 많은 가구가 도시 외곽으로 이사했어요. 출퇴근 시간이 길어지자 사람들은 운전하면서 차 안에서 좋아하는 음악을 듣고 싶어 했지요.

그리고 1966년, 자동차업체 포
드사가 새로 출시하는 차의 카
스테레오로 카세트테이프보다
심지어 큰 8트랙 테이프를 선
보였어요.

8트랙 테이프는 카트리
지라고 하는 플라스틱 케이스
안에 긴 비닐 테이프가 끊임없이 돌아가
는 형태로 말려 있었는데요. 테이프는 4개의 '프로그램'으
로 나뉘어 있었지요.

이 프로그램이란, 레코드판으로 치면 '면'에 해당해요.
각 프로그램이 다시 2개의 채널로 나뉘어서 테이프에는 결
과적으로 4 곱하기 2, 즉 8개의 트랙(길)이 생겼답니다.

8트랙 테이프는 약 80분 길이의 음악을 담을 수 있었어
요. 그렇지만 테이프를 되감을 수 없었기 때문에 듣고 싶
은 노래를 찾으려면 계속 앞으로 감아야 했지요. 프로그램
하나가 끝나고 새로 시작할 때면 '털컥' 둔탁한 소리가 나

거나 아무 소리가 들리지 않기도 했답니다. 결국 8트랙 테이프는 카세트테이프의 선풍적인 인기에 밀려 크게 주목받지 못하다가 1982년에는 아예 생산이 중단되었어요.

작다고 다 좋은 건 아니야

버려진 또 다른 아이디어로 마이크로 카세트테이프가 있어요. 마이크로 카세트테이프는 카세트테이프의 4분의 1 정도 되는 작은 크기에 한 면당 30분 길이의 음악을 담을 수 있었어요. 크기가 작으니까 더 편리하고, 가지고 다니기도 쉬울 것 같았지요.

현대의 아이디어만 폭삭 망한 것이 아니에요. 1877년, 막 축음기 발명에 성공한 에디슨은 새 발명품을 인형 안에 넣어서 동요를 재생할 수 있게 아주 작은 크기로도 만들었어요.

안타깝게도 에디슨의 노래하는 인형은 실패로 끝났답니다. 인형 안 축음기의 왁스가 금세 닳았을 뿐 아니라, 음질마저 좋지 않아서 아이들은 인형이 부르는 노래가 조금 무섭다고 생각했다지요.

그런데 그렇지가 않았어요. 마이크로 카세트테이프는 그냥 카세트테이프보다 음악이 느리게 녹음되고 느리게 재생되었고, 잡음이 많고 음질이 별로였거든요. 게다가 크기가 너무 작아서, 사람들은 걸핏하면 잃어버리기 일쑤였지요!

비디오 스타의 탄생, 뮤직 비디오

　1983년 12월 2일, 미국과 캐나다 곳곳에서 사람들이 텔레비전 앞으로 모였어요. 새로운 프로그램이나 중요한 뉴스를 시청하려는 것이 아니었어요. 사람들은 음악 전문 채널 MTV에서 새롭게 선보일 뮤직 비디오를 기다리고 있었지요. 바로 마이클 잭슨의 〈스릴러〉를요.

　당시의 뮤직 비디오는 밴드나 가수가 노래하는 모습이나 콘서트장에서 춤을 추고 연주하는 모습을 주로 담았어요. 그런데 〈스릴러〉는 마치 단편 영화 같았답니다. 유명 영화 감독 존 랜디스가 연출했고, 공포 영화로 유명한 배우 빈센트 프라이스가 목소리로 출연했거든요.

음악과 영상을 결합하려는 시도는 한 세기 전부터 진행되고 있었지만, 〈스릴러〉는 완전히 새로운 스타일의 뮤직 비디오였지요.

한국 최초의 뮤직 비디오

1980년대 중반, 방송사에서 직접 제작해 주는 방식으로 등장했어요. MBC 〈토요일 토요일은 즐거워〉와 같은 텔레비전 프로그램을 통해 방영되었는데요. 1985년에 조용필의 〈허공〉이 가장 먼저 시작을 알렸다지요.

1990년대 초중반부터 가수들이 직접 제작하는 요즘의 형태가 자리를 잡았고, 엠넷이나 KM 등의 음악 전문 케이블 TV 채널이 개국하면서 본격적으로 활성화되었답니다.

한국에서 만든 뮤직 비디오 중에서 가장 유명한 것은 싸이의 〈강남 스타일〉이라고 해요. 제일 저렴하게 만든 것으로는 크레용팝의 〈빠빠빠〉인데요. 망해서 패쇄된 놀이공원에서 찍은 덕에 38만 원이 들었다고 하네요.

1894년 음반 제작자인 에드워드 B. 마크스와 조스턴은 연주자들을 고용해서 자신들의 노래 〈The Little Lost Child(길을 잃은 어린아이)〉를 연주하게 하고, 뒤편 스크린 화면에 사진과 삽화가 돌아가게 했어요. 이런 '삽화가 있는 노래'는 미국에서 큰 인기를 얻기 시작했어요.

1895년 발명가 윌리엄 딕슨이 17초 길이의 사운드필름(소리가 녹음된 영상)을 만들었어요. 영상에서 딕슨은 두 남자가 춤을 추는 동안 직접 바이올린을 연주했죠.

1929년 가수 베시 스미스가 18분 길이의 영상에서 배우 두 명과 함께 자신의 노래 〈세인트루이스 블루스〉의 내용을 연기했어요.

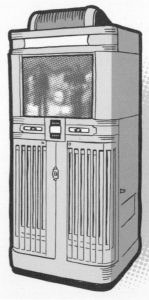

1940년 '사운디스'라고 불리는 3분 길이의 음악 영상이 레스토랑과 나이트 클럽의 주크박스에서 인기를 얻기 시작했어요.

1964년 비틀스가 자신들의 삶과 노래를 다루는 코미디 영화 〈A Hard Day's Night(지친 낮의 밤)〉에서 주연을 맡았어요.

1965년 밥 딜런이 자신의 노래 〈Subterranean Homesick Blues(지하 향수 블루스)〉의 영상에서 가사가 적힌 종이판들을 들고 등장했어요.

1975년 영국의 록밴드 퀸이 뮤직 비디오에 새로운 싱글 〈보헤미안 랩소디〉 공연 모습을 연출했어요. 뮤직 비디오에 힘입어 노래는 큰 성공을 거두었고, 다른 가수와 밴드들도 새 노래 홍보를 위해 뮤직 비디오를 제작하기 시작했어요.

1981년 음악 전문 텔레비전 채널인 MTV가 8월 1일에 전파를 탔어요. MTV가 최초로 방영한 뮤직 비디오는 버글스의 〈Video Killed Radio Star(비디오가 라디오 스타를 죽였어)〉예요.

1983년 마이클 잭슨의 〈스릴러〉가 MTV에서 선을 보였어요. 거의 14분에 달하는 〈스릴러〉는 제작비가 백만 달러(현재 가치로 약 40억 원)에 가까웠죠.

1985년 한국에서는 조용필의 〈허공〉이 가장 먼저 뮤직 비디오로 제작되었어요.

1998년 조성모가 첫 앨범 〈To Heaven〉으로 데뷔하면서 신비주의를 내세웠어요. 이병헌과 김하늘이 주연한 뮤직 비디오만 공개한 후 얼굴 없는 가수로 활동하면서 폭발적인 인기를 끌었지요.

2005년 유튜브가 시작되면서 가수나 음악가들이 영상을 이용해 자신들의 음악을 홍보하기가 그 어느 때보다 쉬워졌어요.

2016년 비욘세가 영상 앨범 〈레모네이드〉를 발매했어요. 〈레모네이드〉에는 열두 곡의 노래와 함께 65분 길이의 영화도 수록했답니다.

아날로그에서 디지털로, CD

카세트테이프가 발명된 뒤 사람들은 집 밖에서는 카세트
테이프로, 집에 있을 때는 레코드판으로 음악을 들었어요.
그런데 음악의 역사에 또 하나의 커다란 변화가 밀려오고
있었지요. 바로 아날로그에서 디지털로의 변화였답니다.

아날로그 소리를 과학적으로 설명하면 '변화하는 진동수
와 음량을 가진 연속하는 소리 파장'이라고 할 수 있어요.
아날로그 녹음은 이 진동수와 음량의 변화를 포착하므로,
우리가 실제 세상에서 듣는 소리를 녹음하는 셈이에요. 그
런데 디지털 녹음은 달라요.

디지털 방식은 소리를 데이터 단위로 조각내는 디지털화

과정을 거쳐요. 여러분이 좋아하는 노래가 이진법 숫자인 0과 1의 긴 열로 변환되지요. 디지털로 녹음하면 아날로그 소리보다 더 깨끗해요. 다른 소리가 섞이지 않아서 잡음이 없거든요. 이 디지털 소리를 재생하기 위해 콤팩트디스크 (CD)가 개발되었어요.

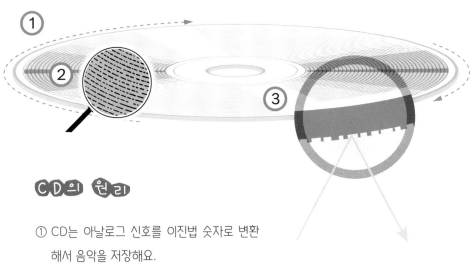

CD의 원리

① CD는 아날로그 신호를 이진법 숫자로 변환해서 음악을 저장해요.

② CD 표면의 미세한 홈에 변환된 이진법 숫자들이 저장되지요.

③ CD는 레이저를 사용해서 읽어요. 레이저가 CD 표면 홈에 저장된 정보를 다시 전기적 신호로 변환한 다음 앰프와 스피커로 보내요.

건너뛰어 들으면서 주의력이 짧아졌다고?

CD는 레코드판이나 카세트테이프와 달리 툭툭 튀지 않고 지직거리는 잡음을 내지 않아요. 게다가 CD 플레이어에는 노래를 건너뛰는 기능도 있지요. 버튼만 누르면 바로 다음 노래로 갈 수 있답니다. (카세트테이프를 앞으로 감는 것과는 비교도 안 되게 쉽지요!)

그런데 미국 오하이오 주립 대학교의 연구진에 따르면, 건너뛰어 듣기가 쉬워지면서 사람들이 음악에 주의를 집중할 수 있는 시간이 짧아지기 시작했다고 해요.

2017년의 한 연구에서 캐나다의 음악학자 휴버트 리베이에 고뱅은 오늘날의 노래 도입부가 1986년의 노래에 비해 약 4분의 1로 짧아졌다는 사실을 발견했어요. 우리가 주의력을 유지하는 시간이 짧아진 덕분에, 노래들은 과거보다 빠르게 우리의 주의를 끌어야 하지요. 안 그러면 다음 노래로 넘어가 버릴 테니까요.

처음 CD가 선을 보였을 때 음반 회사나 매장은 반기지 않았어요. 음반사는 CD가 복사하기 쉽다는 점을 싫어했지요. 공장은 레코드판과 CD를 모두 생산해야 했고, 매장에서는 두 종류의 재고를 모두 쌓아 두어야 했거든요. 거기에 카세트테이프까지!

그렇지만 결국 CD가 이겼어요. 1988년이 되자 미국 내에서 CD 판매량이 레코드판 판매량의 두 배가 되었고, 1992년 즈음에는 CD의 판매량이 카세트테이프의 판매량까지 앞질렀답니다.

개인의 음악적 취향은 자유

　'나는 왜 특정한 노래를 유난히 좋아할까?' 그 이유가 궁금했던 적이 있다고요? 과학자들도 마찬가지였어요. 2016년, 신경 과학자와 인류학자로 이루어진 미국의 한 연구진이 볼리비아로 날아가 치마네족을 만났어요.

　치마네족은 볼리비아에 원래 살던 선주민으로, 서구의 음악을 거의 접하지 않았지요. 연구진은 치마네 사람들에게 두 종류의 음악을 들려주었답니다. 한 종류는 서구 문화의 기준으로 듣기 좋은 음(어울림음)으로 이루어진 음악이었고, 다른 한 종류는 듣기 거북한 음(안어울림음)으로 이루어진 음악이었어요.

치마네 사람들은 두 음악을 다르지 않게 평가했어요. 어느 한쪽을 특별히 더 좋아하지 않았지요. 결국 연구자들은 전반적인 음악 취향이 문화에 영향을 받을 수 있다는 것을 깨달았답니다. 음악 취향은 자라면서 익히게 된다는 뜻이에요. 태어날 때 미리 정해지는 것이 아니고요.

이 음악을 좋아하니?

그런가 하면 우리는 저마다 다른 음악을 좋아해요. 왜 누구는 셀레나 고메즈의 노래를 듣고 미소 짓는데, 또 누구는 얼굴을 찌푸릴까요? 개인의 음악 취향은 자신이 속해 있는 문화에 따라서도 결정되지만, 듣는 사람의 성격에 따라서 결정될 수도 있어요.

영국과 핀란드의 연구진들이

2016년의 연구에서 밝힌 바에 따르면, 공감을 잘하는(즉, 다른 사람의 감정과 느낌을 잘 살피는) 사람들은 에너지가 낮고 슬픈 감정을 전달하는 음악을 좋아한다고 해요. 체계적인(즉, 규칙과 질서를 좋아하는) 사람들은 하드록이나 헤비메탈처럼 정열적인 음악을 좋아하고요.

　그렇다면 공감도 잘하고 체계적인 사람들은 어떠냐고요? 둘 다 조금씩 좋아하겠지요.

우리의 음악, 우리의 자아

　음악적 취향은 바뀌기도 해요. 여러분이 지금 듣는 노래는 40대가 되었을 때

좋아하는 슬픈 노래를 들으면 기묘하게도 오히려 기분이 좋아질 때가 있어요. 우리의 뇌 때문이에요! 2011년의 연구에서 미국의 데이비드 휴런 교수가 밝힌 바에 따르면, 슬픈 노래를 들을 때 사람의 뇌는 프로락틴이라는 화합물을 분비해요. 프로락틴은 마음을 차분히 가라앉혀 준다고 알려져 있지요.

또한 슬픈 노래든 밝은 노래든, 좋아하는 노래를 들으면 도파민이라는 또 다른 화합물이 분비되는데요. 도파민은 우리의 기분을 좋게 만들어요.

들을 노래와 다를 가능성이 커요. (물론 지금 듣는 노래는 언제나 가슴 한쪽에 특별한 자리를 차지하고 있겠지만요!)

몇몇 이론에 따르면, 음악 취향이란 나이가 들어감에 따라 달라진다고 해요. 어릴 적에는 주로 강렬한 감정을 느끼게 하고, 자아를 발전시키는 데 도움을 주는 열정적인 음악을 좋아하지요. 막 어른이 된 즈음에는 그때 유행하는 음악을 좋아하고요. 나이가 들어가면서는 조금 더 복잡한, 이를테면 클래식 음악을 좋아하기 시작해요.

어떤가요? 여러분의 음악 취향이 바뀔 것 같나요?

본격적인 디지털 시대, MP3

믿기 힘들겠지만, 음악의 모든 것을 또 한 번 영원히 바꾼 디지털 음악 포맷, 엠피스리(MP3)의 탄생에는 아이스하키가 큰 몫을 했답니다. 1991년, 독일의 프라운호퍼 연구소는 용량이 큰 오디오 파일을 전화선으로 보낼 방법을 연구 중이었어요. 음질을 유지하며 전송이 가능할 만큼 음악 파일을 압축하기란 무척 어려운 과제였지요.

특히 하키 시합의 오디오를 압축하는 과제는 까다로웠답니다. 스케이트 칼날이 얼음을 할퀴는 소리에 하키 퍽이 부딪히는 소리, 관중들의 응원 소리까지 더해졌으니까요.

하키 시합의 오디오를 무사히 압축하는 데 성공한 연구

진은 뭔가를 해냈다는 것을 알아차렸어요. 바로 MP3 파일을 개발했다는 사실을요.

　MP3 기술은 음향 심리학의 원리를 토대로 해요. 음향 심리학이란, 인간이 소리를 듣는 방식을 과학적으로 연구하는 학문이에요. 우리의 귀에는 여러 단계의 소리가 한꺼번에 들리는데, 우리는 들은 소리를 모두 듣지도 못하고 단번에 인식하지도 못해요.

　MP3 파일은 수학적 규칙인 알고리즘을 이용해서 여러 단계의 소리 중에서 우리 귀가 알아듣지 못하는 단계를 제

거하는 방식이에요. 알고리즘은 오디오 파일을 MP3 파일로 변환해서 파일의 용량을 크게 줄여요.

한 번에 한 곡씩, 애플의 아이팟

MP3 파일을 재생하기 위해 다양한 기기들이 개발되었지만, 애플의 아이팟이 가장 큰 인기를 끌었어요. 아이팟은 2001년에 아이튠즈 뮤직 스토어와 함께 등장했지요.

사람들은 이제 노래를 합법적인 디지털 버전으로 살 수 있을 뿐 아니라 산 노래를 어디에 가든 주머니에 넣고 다닐 수 있게 되었어요. 5년이 채 걸리지 않아 애플은 10억 곡의 노래를 판매했다지요. 애플이 판매한 곡은 오늘날 수백억 곡에 이른답니다.

2001년 이후 CD의 판매량은 점점 더 빠르게 떨어졌어요. 좋아하는 노래 한 곡 또는 두 곡을 듣기 위해 앨범을 통째로 살 필요가 없어졌으니까요. 게다가 인터넷으로 음악을 사는(또는 훔치는!) 일은 점점 더 쉬워지고 있었고요.

음반 판매장들은 폐업의 위기로 몰렸고, 가수들은 CD 판매량 감소로 떨어지는 수익을 대체할 방법을 찾아야 했답니다. 음반 산업은 변화에 적응하기 위해 수년 동안 몸부림을 쳤어요.

MP3는 빠른 속도로 대중화되었어요. 그런데 음악을 듣는 사람들이 임의로 CD의 노래를 MP3 파일로 변환해서 인터넷에서 거래하기 시작했어요. (이런 걸 저작권 침해 행위라고 해요.) 냅스터 등의 무료 파일 공유 사이트가 생겨나면서 파일 거래가 더욱 쉬워졌고요. 1999년에 설립된 냅스터는 공식 이용자가 8천만 명에 달할 때가 있을 정도였지요. 음반사들은 결국 저작권 침해 소송에 나섰답니다.

듣는 것 그 이상, 마케팅 수단으로

음악은 온 사방에서 흘러요. 쇼핑몰에서, 마트에서, 공항에서 흐르고, 통화가 연결되길 기다리는 전화기에서도, 심지어는 무심코 탄 엘리베이터에서도 흐르지요.

이렇듯 음악이 곳곳에서 흐르는 이유는 단순히 정적을 채우기 위해서일 때도 있지만, 여러분에게 영향을 미치기 위해서일 때도 있어요. 쇼핑몰이나 마트에서 나오는 음악은 아무렇게나 뽑은 곡이 아니라 세심하게 고르고 고른 곡들이거든요. 여러분은 그런 데선 음악을 잘 듣지 않는다고 말할지도 몰라요. 그렇지만 의식은 노래에 주의를 기울이지 않을지 몰라도…… 무의식이 주의를 기울이고 있어요!

음악의 힘, 물건을 더 많이 사게 하다

1982년의 연구에서 미국의 마케팅 교수 로널드 E. 밀리만은 박자가 빠른 음악을 크게 틀면 사람들이 쇼핑을 후다닥 해치운다는 사실을 알았어요. 쇼핑몰로서는 달갑지 않은 소식이지요. 사람들은 쇼핑 시간이 길어질수록 물건을 더 사는 경향이 있으니까요.

한편, 2011년의 또 다른 연구에서 독일의 연구자 클레멘스 미하엘 크뇌페를러가 제시한 바에 따르면, 마트에서 느리고 슬픈 음악을 틀 때 판매량이 12%가량 더 늘어났어요.

혹시 해가 갈수록 크리스마스 캐럴이 점점 더 이른 계절에 들린다는 것을 눈치채고 있나요? 여러 연구가 크리스마스 캐럴을 틀어 두는 것이 쇼핑하는 사람들에게 잠재적으로 영향을

미쳐서 크리스마스 관련 물건들을 더 많이 사게 한다는 것을 밝혔기 때문이에요.

그러니까 다음번에 느리고 슬픈 곡조의 크리스마스 캐럴이 들려온다면, 보이는 것들을 모조리 사고 싶은 충동을 단호하게 뿌리치도록 해요!

낯선 음악과 함께 폭풍 쇼핑

2000년, 미국의 연구자 리처드 옐치와 에릭 스팬게버그는 음악이 쇼핑하는 사람들의 시간 감각에 영향을 미친다는 것을 밝혔어요. 두 사람은 가짜 매장에 많이 들어서 익숙한 음악과 익숙하지 않은 음악을 모두 틀었지요. 시간에 제약 없이 쇼핑할 때, 사람들은 익숙한 음악을 들을 때 익숙하지 않은 음악을 들을 때보다 쇼핑 시간이 8퍼센트 가까이 짧았어요. 참가자들은 익숙하지 않은 음악을 듣고 있을 때 시간이 더 빠르게 간다고 생각했답니다.

옐치와 스팬게버그의 결론에 따르면, 소비자들은 아는

음악에 귀를 기울일 때 시간이 더 더디게 간다고 느낀다고 해요. 그래서 맹렬한 기세로 매장을 누빈 거고요.

어떻게 하면 청소년들을 집으로 일찍 돌려보낼 수 있을까요? 베토벤이나 모차르트 음악을 틀면 분명히 효과가 있을 거예요. 기차역이나 대형 매장 같은 일부 공공장소에서는 젊은이들이 배회하는 것을 막기 위해 일부러 클래식 음악을 틀기도 해요.

음악을 대여하다, 스트리밍

우리는 지금까지 사람들이 10년, 50년, 100년 전에는 어떻게 음악을 들었는지 알아보았어요. 한때는 공연되는 그 장소에서만 들을 수 있던 음악이 변신을 거듭해 우리 주머니 속 기기의 디지털 부호가 되는 데에 이르렀지요.

이제 여러분은 세상에 녹음되어 나온 거의 모든 노래를 언제든 들을 수 있답니다. 인터넷만 연결되어 있다면요.

스트리밍의 탄생

인터넷에 다 있는데 왜 굳이 다운로드를 해야 해? 바로 여기에서 스트리밍이 탄생했어요. 대형 음반 매장 한 곳의 앨범 재고는 대략 10만 장쯤 될 거예요. 그런데 스트리밍 업체들의 재고는 엄청나지요.

디지털 음악 파일로 수천만 곡을 보유하고 있어요. 스트리밍 시스템 덕에 우리는 어디에서든 그 수많은 곡을 다 들을 수 있잖아요. 보통은 월간 구독료를 내고요.

최초로 정식 스트리밍 서비스를 제공한 업체는 2001년에 등장한 '랩소디'예요. 그 뒤로 스포티파이, 애플 뮤직, 라스트·에프엠, 비츠 뮤직, 구글플레이 뮤직, 타이달, 엑스박스 뮤직 등 수많은 업체가 서비스를 시작했고요. 한국에도 멜론, 벅스, 플로, 지니 뮤직 등 여러 군데가 있어요.

냅스터도 지금은 정식 스트리밍 서비스를 제공하고 있지요. 스트리밍 시장의 경쟁은 무척 치열해서, 8트랙스와 알디오 등 많은 스트리밍 업체가 몇 년을 버티지 못했어요. 그렇다고 해도 음악을 '대여'한다는 아이디어는 매년 인기를 더해 가고 있답니다.

다시 아날로그로, 레코드판의 컴백

2007년에 사상 최저점을 찍었던 레코드판의 판매량이 다시 오르기 시작했어요. 옛날 방식으로 음악을 듣고 옛날의 음반을 수집하는 일이 새로 주목을 받으면서였지요.

2020년에 이르자 레코드판의 판매량은 1980년대 이후 처음으로 CD 판매량을 앞질렀답니다.

이유가 뭘까요? 사람들은 직접 손에 쥘 수 있는 음악이 좋았는지도 몰라요. 음질은 조금 떨어지더라도 풍부한 음감이 느껴지는 아날로그 음악이 디지털 음악보다 좋았을

유튜브는 많은 가수와 음악가들의 데뷔 관문이에요. 혹시 저스틴 비버라는 가수를 아나요? 저스틴 비버는 캐나다 온타리오주 남서부의 작은 마을에서 자랐어요. 어린 비버가 오디션 프로그램 지역 예선에서 순위에 오르자, 가족들은 비버가 노래하는 영상을 찍어서 그때 막 새롭게 시작하던 유튜브에 올렸지요.

그리고 2008년, 대형 음반사 관계자가 비버의 가족이 찍은 영상 중 하나를 우연히 접했어요. 관계자는 흥미를 느끼고 비버를 찾아가 계약을 맺었죠. 그 뒤로 벌어진 일은 전 세계 사람들이 다 알걸요.

수도 있고요.

　어쩌면 그냥 수집하는 것이 좋았을지도 모르지요. 수집
에 관해서라면, 오래된 것일수록 더 새롭게 느껴지니까요!

AI 작곡가가 음악을 만들다

베토벤이나 비욘세만 음악을 만들 수 있는 것이 아니에요. 누구나 만들 수 있어요. 피아노 앞에 앉아서 음악을 만들면 돼요. 머릿속에 떠오르는 선율을 휘파람으로 불어도 되고, 손뼉을 치면서 리듬을 만들어도 되지요. 그런데 '사람이 아니어도' 음악을 만들 수 있을까요?

AI는 사람과 비슷한 방식으로 일을 처리하고 학습하는 능력이 있는 컴퓨터 시스템으로, 점점 많은 분야에 쓰이고 있어요. 최근 과학자들은 그림을 그리고 음악을 작곡할 수 있는 크리에이티브 AI(창의적으로 문제를 해결할 수 있는 AI) 실험을 시작했답니다.

2005년, IBM은 텔레비전 퀴즈 프로그램 〈제퍼디!〉에 출전할 컴퓨터 시스템인 '왓슨'을 개발하기 시작했어요. 왓슨의 개발은 '왓슨 비트'의 등장으로 이어졌는데, 왓슨 비트는 사람이 음악을 만드는 과정을 보조하는 시스템이에요.

여러 악기 소리를 데이터로 입력하면 다양한 멜로디와 음정, 리듬을 만들어 내요. 그래미상을 받은 프로듀서이자

컴퓨터가 어떻게 학습할 수 있을까요? AI가 사물이나 데이터를 분류하고 합치는 과정을 반복하면서 스스로 학습을 하는데요. 이 과정을 '딥러닝'이라고 해요. 사람의 두뇌와 비슷한 방식으로 정보를 처리하는 알고리즘(인공 신경망)을 기반으로 한답니다. 정보가 많이 쌓이면 쌓일수록 AI는 기존 알고리즘을 더욱더 발전시킬 수 있어요.

작곡가 알렉스 다 키드는 왓슨 비트를 활용해 히트곡 〈Not Easy(쉽지 않아)〉의 악상을 떠올렸어요.

또 다른 AI 업체인 '아이바 테크놀로지'는 AI 프로그램인 아이바를 개발해서 베토벤, 모차르트, 바흐 등 많은 클래식 음악가의 곡을 입력했답니다. 아이바는 (인공 지능 가상) 작곡가로, 영화나 게임의 배경 음악을 만드는 데 쓰이고 있지요.

규칙에 따라 작곡하다

음악을 만들기 위해서 악기를 연주할 필요조차 없어요. '앰퍼 뮤직'이나 '주크 데크'의 도움을 받으면 작곡가로 쉽게 변신할 수 있거든요. 먼저 만들고 싶은 음악 장르를 골라요. 곡의 분위기나 박자, 빠르기 등등 여러 조건을 고르면 AI가 그 조건에 살을 붙여 새로운 음악을 만들어요.

이들 새로운 기술의 등장에 사람들은 작곡가들이 일자리를 잃을지도 모른다고 우려했어요. 그렇지만 음악을 작업

하는 방식이 달라진다고 해도 작곡가라는 직업이 사라지지는 않을 것 같아요. AI가 음악을 만들 수 있을지는 몰라도, 결국 모든 것을 선택하고 통제하는 것은 사람이니까요.

구글의 음악 AI인 '엔신스'는 기타나 피아노 등 다양한 악기의 음을 조합해 새로운 음을 만들어요. 엔신스는 오픈소스 프로젝트여서, 누구나 무료로 프로그램을 활용할 수 있어요.

으스스, 홀로그램 콘서트

　미국 캘리포니아주 인디오에서 열린 2012 코첼라 밸리 뮤직 & 아츠 페스티벌에 참가한 관객들은 무대에 유명 래퍼 투팍 샤커가 서자 기절할 듯이 놀랐어요. 왜 그렇게 놀랐을까요? 투팍은 1996년에 세상을 떠났거든요! 세상을 떠난 래퍼가 홀로그램과 유사한 기술을 통해 '살아 돌아온' 거였지요. 게다가 정말로 진짜 같아 보였어요.

　이 '눈속임' 기술의 아이디어는 1860년대로 거슬러 올라가지만, 기술을 구현하기가 쉽지는 않아요. '죽음에서 돌아온' 투팍 공연은 준비 기간이 6개월에 (공연 구성은 투팍 생전의 공연을 참고로 만들었어요.) 제작비가 50만 달러에 가까

웠으니까요.

한국에서는 2013년에 원조 가수와 모창 능력자가 노래 대결을 펼치는 JTBC의 〈히든싱어〉란 프로그램에서, 1996년에 세상을 떠난 김광석 편을 방영했어요. 사상 처음으로 원조 가수가 직접 등장하지 않고 원조 가수의 목소리만으로 경연 대결을 펼쳤답니다.

제작진은 1년 동안의 준비 과정을 거쳤는데, 아날로그 방식으로 녹음된 고인의 목소리를 디지털 방식으로 복원해 내는 과정이 매우 중요했다고 해요.

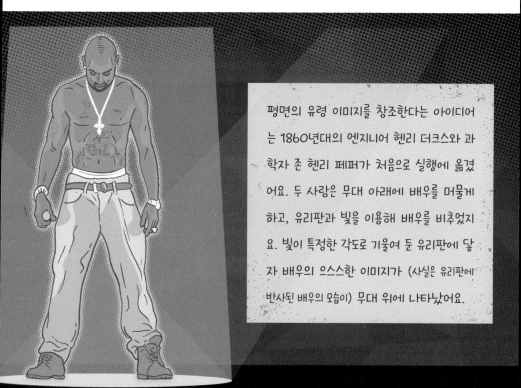

평면의 유령 이미지를 창조한다는 아이디어는 1860년대의 엔지니어 헨리 더크스와 과학자 존 헨리 페퍼가 처음으로 실행에 옮겼어요. 두 사람은 무대 아래에 배우를 머물게 하고, 유리판과 빛을 이용해 배우를 비추었지요. 빛이 특정한 각도로 기울여 둔 유리판에 닿자 배우의 으스스한 이미지가 (사실은 유리판에 반사된 배우의 모습이) 무대 위에 나타났어요.

이런 으스스한 공연을 실감 나게 하는 기술은 계속해서 발전하고 있어요. 홀로그램이 피처링하는 공연을 곧 자주 보게 될 거예요.

박동을 느껴 봐

음악을 듣는 방식이 최종적으로는 생체 인식 기술을 활용하게 될 거라고 생각하는 사람도 있어요. 모든 사람이 몸속에 특정한 장치를 심고, 그 장치가 개인의 기분과 심장 박동수 등을 인식해서 상황에 꼭 맞는 음악을 몸속에서 자동으로 재생한다는 거지요.

현재에도 청력을 잃은 사람 중의 일부는 인공 달팽이관 장치를 이식해 소리를 듣기도 해요. 비슷한 기술을 활용하면 누구나 헤드폰 없이 음악을 들을 수 있을 거예요.

그럴 일은 절대로 없을 거라고 단정하지 마세요. 애플의 창업자 스티브 잡스는 2003년의 한 인터뷰에서 사람들이 음악을 내려받거나 스트리밍하기 위해서 구독료를 내지는

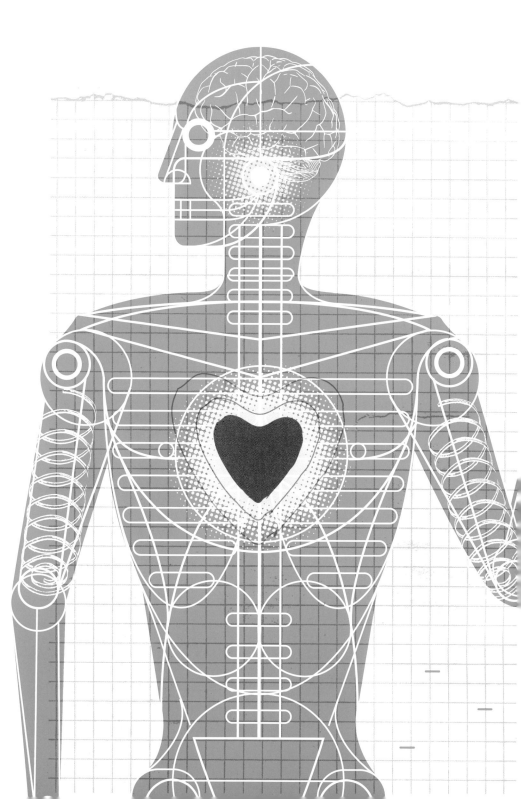

않을 거라고 말했어요.

"음악을 사는 구독료 모델은 가망이 없습니다."

음, 잡스는 완전히 틀렸어요.

에디슨에게 인공 지능과 아이폰을 설명한다고 상상해 보세요. 1877년에는 그 누구도 음악이 지금의 모습을 하고 있을 거라고 예측하지 못했어요. 오늘날 우리가 당연하게 생각하는 모든 것이 고작 200년 전 사람들에게는 마술처럼 보일 거예요. 그리고 지금, 더 많고 더 다채로운 마술들이 밀려오고 있어요.

오늘부터 200년 후에 사람들이 음악을 듣는 방식은 어떻게 변해 있을까요? 지금의 우리가 상상할 수조차 없는 방식일 거예요.

마이클 잭슨이 케이팝을 부른다고?

마이클 잭슨이 우리나라 걸그룹의 인기곡을 부른다면 어떤 느낌일까요? AI를 이용하면 이런 노래를 만드는 게 가능해요.

　마이클 잭슨이 부르는 피프티피프티의 〈큐피드〉와 박효신이 부르는 성시경의 〈거리에서〉는 유튜브에서 각각 수십만 조회 수를 기록했어요. 하지만 실제 가수가 부른 건 아니랍니다.

　훈련된 AI를 통해서 특정 가수의 목소리와 창법을 재현한 거예요. 좋아하는 노래를 다양한 가수의 목소리로 들을 수 있어서 이용자들의 반응은 열광적입니다. 심지어 AI 커버곡을 만드는 프로그램을 온라인상에서 손쉽게 구할 수 있어서 누구든지 마음만 먹으면 제작할 수 있다고 해요.

　그런데 이렇게 쉽게 만들어지는 AI 커버곡의 제작 과정에서 해당 가수나 음원 저작권자의 동의가 없다는 점에서 논란이 되고 있어요.

한눈에 쏙! 음악의 역사

　여러분은 지금까지 음악의 역사상 중요한 의미를 지니는 발명들을 살펴보았어요. 음악은 굉장히 오랜 시간(정확히 말하면 4만 년이 넘는 시간 동안) 우리 곁에 있었고, 초기 인류가 동물의 뼈로 최초의 플루트를 만든 이래로 아주 많은 일이 벌어졌지요. 지금부터 음악의 역사에서 중요한 순간들을 좀 더 살펴볼까 해요.

50000년 전 인류의 성대가 말을 하고 노래를 부를 수 있을 만큼 발달해요.

40000년 전 초기 인류가 동물의 뼈로 만든 악기나 자신의 몸을 이용해 음악을 만들기 시작해요.

1000년경 작곡가들이 음악 기록 체계를 고안하기 시작해요. 이때 고안된 체계는 지금도 쓰이고 있어요.

1098년 최초의 여성 작곡가로 알려진 힐데가르트 폰 빙엔이 태어나요.

~1400년 초기 음악은 주로 노래로 불렸으며, 흔히 종교 의식과 관련되어 있었어요.

1400년 르네상스 시대가 시작되어요.

1500년대 초 바이올린과 비올라, 첼로가 발명되어요.

1598년 야코포 페리와 야코포 페르시가 작곡한 오페라 〈다프네〉가 이탈리아에서 공연되어요. 최초의 오페라랍니다.

1600년 바로크 시대가 시작되어요.

1600년경 바로크 기타로 불리는 현악기가 발명되어 인기를 얻기 시작해요. 바로크 기타는 기존의 류트와 우드라는 악기를 토대로 만들어졌어요.

1660년 갈릴레오 갈릴레이가 놋쇠판으로 음파를 만드는 실험을 해요.

1700년경 피아노가 발명되어요.

1750년 고전주의 시대가 시작되어요.

1770년 루트비히 판 베토벤이 태어나요. 베토벤은 청력을 잃은 뒤에도 작곡을 계속했지요.

1792년 프랜시스 '프랭크' 존슨이 태어나요. 존슨은 흑인 작곡가로서 최초로 대중을 상대로 연주회를 열었어요.

1820년 낭만주의 시대가 시작되어요.

1860년 에두아르-레옹 스코트 드 마르탱빌이 포노토그래프를 발명해요.

1870년대 미국 남부에서 흑인 음악가들이 블루스라는 음악 장르를 발전시켜요.

1877년 토머스 에디슨이 축음기를 발명해요.

1885년 기드 태너가 태어나요. 훗날 태너는 초기 컨트리 음악 인기 가수가 되어요.

1887년 에밀 베를리너가 그라모폰을 발명해요.

1890년대 최초의 헤드폰이 발명되어요.

1900년 모더니즘 시대가 시작되어요.

1901년 굴리엘모 마르코니가 최초로 무선 전파를 내보내요.

1915년 가스펠 음악가 시스터 로제타 사프가 태어나요. 시스터 로제타 샤프는 전기 기타 주법에 큰 영향을 끼쳐 훗날 '로큰롤의 대모'로 알려져요.

1920년대 라디오가 큰 인기를 얻으며 전 세계로 퍼져요. 한국은 일제 강점기 시절로, 일본의 가요와 미국의 재즈 음악이 국내에 소개되어요.

1920년대 프리츠 플뢰머가 소리를 저장하는 종이를 발명해요.

1920년대 중국계 미국인들이 중국 광동 지방 전통 오페라 극단을 미국으로 초청해요.

1922년 조지 워커가 태어나요. 워커는 흑인 작곡가 최초로 퓰리처 음악상을 받았어요.

1931년 조지 비첨과 아돌프 리켄베커가 최초의 전기 기타 제작 특허를 획득해요.

1945년 한국이 광복을 맞이하면서 독자적인 가요를 만들기 시작해요.

1947년 트랜지스터가 발명되어요.

1948년 콜롬비아 레코드에서 PVC 레코드판을 사용해요.

1951년 재키 브렌스톤과 델타 캐츠가 최초의 로큰롤 곡으로 꼽히는 〈로켓 88〉을 녹음해요.

1960년대 필립스가 카세트테이프를 선보여요. 한국에 팝 음악이 대중화되면서 팝 그룹이 등장해요.

1970년대 영국에서 펀자브계 영국 음악가들에 의해 방그라 음악이 유행해요. 방그라 음악은 인도 펀자브 지방의 민요를 바탕으로 록의 영향을 받은 음악 스타일이에요. 한국에서도 록 음악이 대중음악으로 자리를 잡아요.

1975년 타냐 타가크가 태어나요. 이누이트 출신 음악가로, 자신의 음악에 부족 전통의 배음 창법(목에서 뿜어나오는 소리로 가사가 없이 자연의 소리를 표현하는 창법)을 접목했어요.

1979년 소니에서 워크맨 판매를 시작해요.

1979년 슈거힐 갱의 〈Rapper's Delight(래퍼의 환희)〉가 인기를 얻어요. 북아메리카에서 히트를 기록한 최초의 랩으로 꼽혀요.

1981년 MTV에서 처음으로 뮤직 비디오를 방영해요. 한국의 삼성 전자에서 '마이마이'를 출시해요.

1982년 최초의 CD가 제작되어요.

1983년 싱어송 라이터 버피 세인트 마리가 자신의 곡 〈Up Where We Belong(우리가 속한 저곳)〉으로, 캐나다 선주민 음악가로서는 최초로 아카데미 주제가 상을 받았어요.

1990년대 한류라고 불리는 한국 대중 음악의 세계적인 인기가 시작되어요. 국내에서는 보아, 신화, HOT, 서태지와 아이들 등의 아이돌 그룹이 인기를 끌지요.

1991년 프라운호퍼 연구소가 MP3 기술을 개발해요.

2000년대 한국에 원더걸스, 소녀시대, 슈퍼주니어, 빅뱅 등의 그룹이 등장하면서 케이팝의 인기가 아시아의 다른 지역으로 확산되어요. EXO, 방탄소년단과 같은 케이팝 그룹들이 글로벌 스타로 성장해요.

2001년 애플에서 휴대용 디지털 음악 재생 기기인 아이팟을 출시해요.

2006년 가수 비가 미국 뉴욕의 메디슨 스퀘어 가든(실내 경기장)에서 공연을 하여 전 좌석을 매진시켜요.

2012년 코첼라 페스티벌에서 투팍 샤커의 홀로그램 공연이 무대에 올라요. 싸이의 〈강남 스타일〉이 미국에서 열풍을 일으켜요. NBC 〈엘렌 쇼〉, 〈Today Show〉, 〈Saturday Night Live〉 등 주요 메이저 프로그램에 출연하고, 세계적인 팝 스타인 마돈나, MC해머와 합동 무대를 선보이지요. 그리고 빌보드 HOT 100 차트에서 2위를 달성하며 미국 진출에 성공해요.

2013년 방탄소년단(BTS)이 데뷔해요. 힙합 아이돌 콘셉트의 독특한 이미지와 칼군무로 전 세계적인 열풍을 일으키면서 '21세기 팝 아이콘'으로 자리잡아요. 미국 빌보드, 영국 오피셜 차트, 일본 오리콘을 비롯해 아이튠즈, 스포티파이, 애플 뮤직 등 세계 유수의 차트에서 정상에 오른답니다. 음반 판매량도 독보적인 기록을 세우지요.

2018년 동영상 공유 앱 틱톡이 미국 내 최다 다운로드 수를 기록해요. 많은 음악가가 틱톡을 이용해 영상을 올렸어요.

2019년 스포티파이의 구독자 수가 1억 1,500만 명을 돌파해요.

2020년 코로나19 바이러스가 전 세계를 휩쓰는 가운데, 대면 공연이 줄지어 취소되어요. 모든 장르의 음악가들이 스트리밍 서비스로 눈을 돌리고, 전 세계의 사람들이 인터넷으로 볼 수 있는 온라인 콘서트를 열어요.

2023년 케이팝의 세계적인 인기가 지속되고, 다양한 장르와 스타일의 음악이 등장해요. 케이팝의 세계화에 인터넷과 소셜 미디어가 매우 중요한 역할을 담당하며, 유튜브를 비롯한 온라인 플랫폼을 통해 케이팝 뮤직 비디오들이 전 세계로 빠르게 확산되어요. 소셜 미디어가 케이팝 아티스트들과 팬들 사이의 소통의 장으로 적극 활용되면서, 팬덤의 성장과 글로벌 인지도 향상에 크게 기여한답니다.

알 듯 말 듯 아리송한 음악 용어

고막 가운데귀에 있는 덮개 같은 막으로, 소리가 와서 닿으면 진동해요.

귓속뼈 가운데귀에 있는 세 개의 자그마한 뼛조각으로, 소리가 닿으면 진동해요.

그라모폰 에밀 베를리너가 발명한 기기로, 소리를 녹음하고 재생하는 데에 판판한 원형 판을 이용해요.

녹음 재생하거나 다시 만들 수 있도록 음파를 붙잡는 일을 말해요.

뉴런 뇌세포를 말해요. 전기 신호를 전달하지요.

달팽이관 우리 귀 안쪽에 있는 작은 뼈로, 액체로 가득 차 있어요. 진동을 전기 신호로 바꾸어요.

리듬 음이나 박자가 길고 짧은 패턴을 반복하는 것을 가리켜요.

멜로디(선율) 특정한 규칙을 따라 배열된 음의 조합을 말해요.

멤브레인 축음기 내부에 달린 조그마한 막이에요. 천이나 다른 재료로 만들어지며, 소리와 함께 진동해요.

모노 음악을 녹음하는 방식이에요. 모든 소리가 한 가지 경로 또는 방향에서 나와요.

믹스 테이프 다양한 가수의 여러 노래를 공테이프에 녹음해서 만든 카세트테이프예요. 공테이프에 노래를 녹음하는 방법은 다양해요.

생체 인식 지문이나 목소리 등 신체가 가진 고유의 특징을 측정하여 이용하는 것을 말해요. 신원을 확인하는 데 많이 이용되지요.

소리 물체가 진동하면서 만드는 에너지를 뜻해요.

스테레오 음악을 녹음하는 방식의 하나로, 소리가 다양한 경로나 방향에서 나와요.

스타일러스 축음기의 바늘을 일컬어요. 바늘은 소리에 따라 진동하면서 포일 위에 홈을 파서 소리를 기록해요.

심리 음향학 인간이 어떻게 소리를 듣는지 연구하는 학문이에요.

안어울림음 서로 어울리지 않아서 듣기 좋지 않은 음을 말해요.

알고리즘 문제를 해결하거나 과제를 수행하기 위한 수학적 순서나 규칙의 집합이에요.

앨범 하나의 제목으로 묶어 녹음하여 (시디, 파일 등 다양한 형식으로) 발매하는 여러 곡의 노래를 가리켜요.

어울림음 잘 어울려서 듣기 좋은 음을 말해요.

음고 소리가 진동하는 양으로, 낮은 소리에서 높은 소리까지 소리의 높낮이를 가리켜요.

인공 지능(AI) 인간과 비슷하게 일을 학습하고 일을 수행하는 능력이 있는 컴퓨터 시스템을 말해요.

장르 음악 스타일이나 카테고리를 뜻해요.

저작권 침해 행위 자신이 저작권을 가지고 있지 않은 음악 등을 불법으로 복제해서 배포하고 거래하는 일 등을 일컬어요.

진공관 크고 섬세한 유리관과 전선으로 만드는 전자관으로, 전기 신호를 전송해요.

진동판(다이어프램) 과거 축음기나 그라모폰에 장착되어 있던 편편하고 유연한 판이에요. 진동을 소리로 바꾸어요.

청각 피질 뇌에서 소리를 처리하는 영역이에요.

청신경 귀의 신경으로, 전기 신호를 달팽이관에서 뇌로 전달해요.

축음기(포노그래프) 토머스 에디슨이 발명한 기기로, 원통형 실린더가 회전하면서 소리를 기록하거나 재생했어요. 그렇지만 그라모폰이 등장하면서 결국에는 밀려나고 말지요.

카세트테이프 플라스틱 케이스 안에 자기 테이프가 감겨 있는 것으로, 소리를 녹음하거나 재생하는 데 쓰여요.

포노토그래프 그을음을 입힌 유리판이나 종이에 음파를 기록하는 장치를 말해요.

폴리염화비닐(PVC) 플라스틱 중에서도 질기고 강한 종류로, 파이프, 레코드를 포함하여 여러 제품을 만드는 데 쓰여요.

플레이리스트 다양한 음악가들의 서로 다른 노래, 또는 연주로 구성된 재생 목록으로, 스트리밍을 위해 만드는 목록이에요.

트랜지스터 전자 기기에서 전류를 바꾸거나 증폭하는 데 쓰이는 장치를 뜻해요.

하모니(화성) 두 개 이상의 음이 동시에 연주되어 서로 어울리는 소리를 말해요.

홀로그램 반사된 빛을 이용하여 만드는 입체 이미지를 가리켜요.

8트랙 테이프 플라스틱 케이스 안에 4개의 프로그램으로 나뉜 자기 테이프가 감겨 있는 것으로, 소리를 녹음하거나 재생하는 데 사용해요.

45 레코드판 지름 17.9cm의 레코드판으로, 분당 45회 회전하며 판의 한 면당 6~7분 길이의 음악을 저장할 수 있어요.

LP 레코드판 분당 33⅓회 회전하면서 판의 한 면당 22분 길이의 음악을 저장할 수 있는 레코드판을 뜻해요.

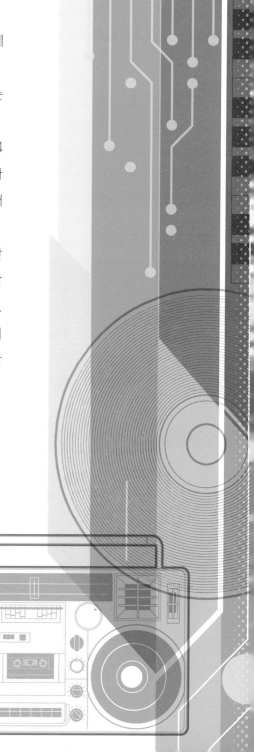

♬ 음악은 다른 차원으로의 즐거운 여행 ♪

이 책은 어느 날 걸려 온 한 통의 전화에서 시작되었습니다. 〈록의 과학〉이라는 이름으로 전시회를 계획 중인데, 북미 각지의 과학 센터를 돌면서 전시할 예정이라나요. 우리에게 관련 자료를 조사하고 글을 써 줄 수 있는지 부탁하더군요. 쓰다마다요! 우리는 부탁받은 대로 글을 썼지요. 전시는 가는 곳마다 큰 인기를 끌었고요.

전시회에서는 과학과 기술과 공학의 발달이 어떻게 우리

가 사랑하는 음악을 선물했는지 설명했어요. 우리가 음악을 듣는 방법에 어떤 영향을 끼쳤는지도요. 그때의 글을 모으고 거기에 역사를 더해 이 책이 되었습니다.

우리는 이 책이 여러분에게 출발점이 되기를 바라요. 여러분이 여기서 출발하여 음악의 세상을 온갖 방향으로 탐험해 나가길 바랍니다. 세상에는 탐구해야 할 발명가들과 음악가들이 아주 많거든요.

스콧 조플린 같은 음악가들의 활약으로 래그타임과 재즈가 생겨나기까지의 역사가 있고요. 1920년대와 30년대에 흑인 블루스 가수들이 음악에 공헌한 바를 찾아볼 수도 있겠지요.

잘 알려지지 않은 인물도 많습니다. BBC 방송국에서 일하던 다프네 오람은 1950년대 후반에서 70년대 초반에 실험적인 전자 음악으로 새로운 길을 개척했지요. 아, 안드레아스 파벨을 빼놓을 수 없겠네요. 소니가 워크맨을 출시하기 몇 년 전에 휴대용 재생 기기라는 아이디어를 일찌감치 떠올린 인물이지요.

이 책을 쓰기 위해 도서, 논문, 각종 전시 영상과 전문가들과의 대화까지 다양한 경로로 각종 자료를 조사했습니다. 그런데도 우리가 이 책에서 다루는 내용은 음악과 거기에 숨어 있는 과학 이야기의 일부분에 지나지 않아요. 당연하게도, 음악 관련 기술은 이 순간에도 계속해서 변화하고 있어요.

그리 머지않은 미래에 우리는 뮤지컬의 무대 배경에 증

강 현실과 가상 현실 기술을 도입할 것을 논의하고 있을 거예요. 음, 스트리밍의 다음 순서는 무엇일까요? 가수와 작곡가 들이 몇십 년 뒤에는 어떤 식으로 자신들의 음악에 대한 대가를 받을지는 이야기를 시작조차 하지 못했지요.

음악은 경이롭습니다. 아주 비밀스러우면서도 강한 힘을 지니고 있어요. 음악의 원리를 배운다면 새로운 정보를 알게 될 뿐 아니라 완전히 다른 차원의 즐거움으로 향할 수 있을 것입니다. 부디 이 책이 여러분의 음악적 경험을 더욱 특별한 무언가로 끌어올려 주기를 바랍니다.

음악, 너 혹시 과학이야?

첫판 1쇄 펴낸날 2023년 10월 31일
3쇄 펴낸날 2024년 5월 27일

지은이 앨런 크로스·에미 크로스·니콜 모틸라로
그린이 칼 윈스 **옮긴이** 김선영
펴낸이 박창희
편집 홍다휘 백다혜 **디자인** 전윤정 배한재
마케팅 박진호 **홍보** 김인진 **회계** 양여진

펴낸곳 (주)라임
출판등록 2013년 8월 8일 제2013-000091호
주소 경기도 파주시 심학산로 10, 우편번호 10881
전화 031) 955-9020, 9021 **팩스** 031) 955-9022
이메일 lime@limebook.co.kr **인스타그램** @lime_pub
홈페이지 www.prunsoop.co.kr

ⓒ라임, 2023
ISBN 979-11-92411-71-2 (44500)
　　　979-11-951893-8-0 (세트)

＊ 잘못된 책은 구입하신 서점에서 바꾸어 드립니다.
＊ 이 책 내용의 전부 또는 일부를 재사용하려면 저작권자와 (주)라임의 동의를 받아야 합니다.